CHONGMANMOLIDESHUI

充满魔力的水

唐 宏 主编

 哈尔滨工业大学出版社
HARBIN INSTITUTE OF TECHNOLOGY PRESS

图书在版编目（ＣＩＰ）数据

充满魔力的水 / 唐宏主编 . — 哈尔滨 : 哈尔滨工业大学出版社，
2016.10
（好奇宝宝科学实验站）
ISBN 978-7-5603-6014-0

Ⅰ . ①充… Ⅱ . ①唐… Ⅲ . ①水—科学实验—儿童读物 Ⅳ . ① P33-
33

中国版本图书馆 CIP 数据核字 (2016) 第 102713 号

策划编辑　　闻　竹
责任编辑　　范业婷
出版发行　　哈尔滨工业大学出版社
社　　址　　哈尔滨市南岗区复华四道街 10 号　邮编 150006
传　　真　　0451-86414749
网　　址　　http://hitpress.hit.edu.cn
印　　刷　　哈尔滨经典印业有限公司
开　　本　　787mm×1092mm　1/16　印张 10　字数 149 千字
版　　次　　2016 年 10 月第 1 版　2016 年 10 月第 1 次印刷
书　　号　　ISBN 978-7-5603-6014-0
定　　价　　26.80 元

《好奇宝宝科学实验站》
编委会

前　言

　　科学家培根曾经说过："好奇心是孩子智慧的嫩芽"，孩子对世界的认识是从好奇开始的，强烈的好奇心会增强孩子的求知欲，对创造性思维与想象力的形成具有十分重要的意义。本系列图书采用科学实验的互动形式，每本书中都有可以自己动手操作的内容，里面蕴含着更深层次的科学知识，让小读者自己去揭开藏在表象下的科学秘密。

　　本书内容的形式主要分为【准备工作】【跟我一起做】【观察结果】【怪博士爷爷有话说】等模块，通过题材丰富的手绘图片，向读者展示科学实验的整个过程，在实验中领悟科学知识。

　　这里需要明确一件事，动手实验不仅仅局限于简单的操作，更多的是从科学的角度出发，有意识地激发孩子对各方面综合知识的认知和了解。回想我们的少年时光，虽然没有先进的电子玩具，没有那么多家长围着转，但是生活依然充满趣味。我们会自己做风筝来放，我们会用放大镜聚光来燃烧纸片，我们会玩沙子，我们会在梯子上绑紧绳子荡秋千，我们会自制弹弓……拥有本系列图书，家长不仅可以陪同孩子一起享受游戏的乐趣，更能使自己成为孩子成长过程中最亲密的伙伴。

　　本书主要介绍了 58 个关于水的小实验，适合于中小学生课外阅读。可作为亲子读物，也可以作为课外培训的辅导教材。

　　由于编者水平及资料有限，书中不足之处在所难免，诚恳期待广大读者批评指正。

编　者

2016 年 4 月

目 录

1. 蔓延的水迹 / 1

2. 入水手不会湿 / 3

3. 能打结的水 / 6

4. 小水洞的形成 / 9

5. 滴水不漏 / 12

6. 不会溢出的水 / 15

7. 流不出的水 / 17

8. 消失的水 / 20

9. 凭空而来的水 / 23

10. 逃跑的水 / 25

11. 油水换位 / 27

12. 用过滤网装水 / 30

13. 水中游动的小船 / 32

14. 水中的蛋壳 / 35

15. 水中投掷硬币 / 37

16. 水的涟漪 / 39

17. 打水漂的原理 / 41

18. 收缩的面巾纸 / 44

19. 失控的球 / 47

20. 天平上的水和木头 / 50

21. 漂浮的玻璃杯 / 52

22. 潮湿的土层 / 54

23. 土壤中的水过滤器 / 57

24. 模拟井水抽取 / 60

25. 盐的溶解 / 63

26. 海水淡化设备 / 66

27. 简易喷泉 / 69

28. 奇怪的线圈 / 72

29. 让软木塞听话 / 75

30. 停在水面上的针 / 77

31. 吹出同心泡泡 / 80

32. 会跳的泡泡 / 83

33. 跳跃的卫生球 / 86

34. 清水变白水 / 88

35. 洗衣粉的超能力 / 91

36. 液体变少了 / 94

37. 水下火山 / 97

38. 自制墨水 / 99

39. 来去无踪的墨水 / 102

40. 盐水星星 / 105

41. 100℃以下沸腾的水 / 108

42. 不会沸腾的水 / 111

43. 生活在沸水里的鱼 / 113

44. 神奇的热分离 / 116

45. 扩散得快慢 / 119

46. 水蒸气变身术 / 121

47. 雾气缭绕 / 124

48. 魔术气球 / 127

49. 崭新的铁钉 / 129

50. 固态水 / 132

51. 冰的融化 / 134

52. 解救火柴 / 136

53. 制作简易冰箱 / 139

54. 模拟洪水泛滥 / 142

55. 谁先结冰 / 145

56. 纯净水结冰 / 147

57. 结晶盐 / 149

58. 密度测验 / 152

参考文献 / 154

1. 蔓延的水迹

我们把水滴在报纸上，会发生什么现象呢？

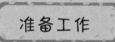

准备工作

- 清水
- 一张报纸

跟我一起做

将水滴在报纸上，观察现象。

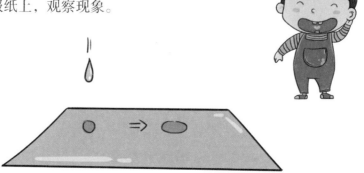

注意控制水量，不要滴得太多。

观察结果

水滴居然会走路？

你会发现，水滴开始是圆形的，没过多久就逐渐变成了椭圆形。

怪博士爷爷有话说

报纸是由纸浆再加工而成，本质上都是由植物纤维构成，所以纤维的走向决定了水的走向，水滴浸入这些极小的毛细管后，就会沿着纤维的走向蔓延开来。实验中，你会发现水迹扩散得很慢，这是因为这时的水是由与油性的油墨混合而成的。

2. 入水手不会湿

手放进水里却不会湿，神奇吧！我们一起来做做看。

准备工作

- 几枚 1 元硬币
- 少许滑石粉
- 一个较大的盛满水的容器

滑石粉

跟我一起做

如果找不到 1 元硬币，用 5 角硬币也可以哦！

1 将一个盛满水的容器放在平稳的桌面上，然后向水中投入几枚 1 元硬币。

将捞硬币的手扑上一层滑石粉。

滑石粉

滑石粉摸上去有种油腻的感觉。

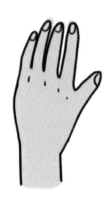

将硬币捞出来后，观察你的手有没有湿。

3

哇～～手好像被施了魔法！

观察结果

你会发现，自己的手一点儿也没湿。

怪博士爷爷有话说

水可以浸湿很多物品，但是，对于一些特殊物品，水却不能浸湿它们，滑石粉就是其中的一种。当手上涂了滑石粉以后，水就不能跟手相接触了，就像戴了一只防水的手套一样，所以当然不会变湿了。

3. 能打结的水

水还能打结，真是很奇怪的一件事！真的能做到吗？快跟我们一起做下面的实验吧！

准备工作

- 一个纸杯
- 一杯清水
- 一把凿子
- 一个盆

跟我一起做

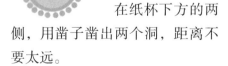

小心不要伤到手！

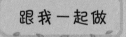

1 在纸杯下方的两侧，用凿子凿出两个洞，距离不要太远。

将杯子拿起来，请你的朋友朝纸杯中缓缓地注入水。

注水的速度不要太快，会发生什么现象呢？

观察结果

用手指将流出来的两道水柱轻轻一扭，两道水柱变成了一道水柱。

简直太神奇了！水柱像两条绳子一样缠在了一起。

怪博士爷爷有话说

在这个游戏里，水的表面张力是水能打结的关键。因为表面张力使水柱的面积缩小，借手指做桥梁，便能够轻易地将很接近的两道水柱连接成一道大水柱。这样，在我们眼中，水就好像打结了。

4. 小水洞的形成

将蘸有洗手液的手指浸入撒满滑石粉的水中，会发生什么神奇现象呢？

准备工作

- 滑石粉
- 水
- 一瓶洗手液
- 一个水槽

跟我一起做

滑石粉最好撒均匀一些！

 在水槽中放满水。

 将滑石粉撒在水面上。

3 将手指随意浸入撒过滑石粉的水中。

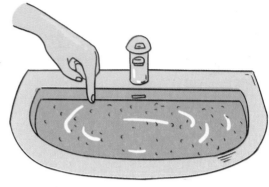

要在远离水槽的地方完成这一步，防止洗手液掉进水中。

将一滴洗手液滴在手指上，然后将蘸有洗手液的手指浸入水槽内。 **4**

 5 用蘸有洗手液的手指在滑石粉表面穿洞。

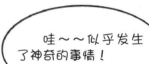哇～～似乎发生了神奇的事情！

观察结果

第一次浸入手指时，滑石粉会在那一点上迅速散开。第二次在滑石粉区域里浸入手指，会留下一个个小洞洞。

 ## 怪博士爷爷有话说

洗手液会减弱浸入手指处的张力，而其余部分的表面张力会相应地变强，吸引并拉住滑石粉。

蘸洗手液的手指留下的小洞并不会愈合，因为在那些洞上的洗手液会阻止分子之间相互吸引并重新组成表膜。

如果你想再做一次实验，要记得换水重新来哦！

5. 滴水不漏

用铅笔尖在装水的塑料袋上戳一个洞，只要不取下铅笔，袋里的水就不会流出来！让我们一起见证这神奇的一幕吧！

准备工作

- 一个透明塑料袋
- 一支铅笔
- 一个长方形托盘
- 水

跟我一起做

塑料袋比较软，可以让爸爸妈妈帮忙撑着。

1 先将水倒入透明塑料袋里，用手捏紧袋口，再将长方形托盘放在塑料袋的正下方。

手拿铅笔，把尖锐的笔尖快速刺进袋子。让铅笔停留在袋子上，你会看到什么现象？

铅笔刺入时，动作一定要快，一次成功。

取下铅笔，你又会看到什么现象？

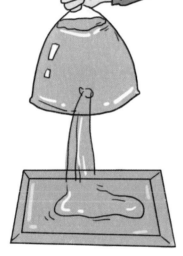

哈哈，好像一个小型瀑布哦！

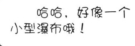

观察结果

第二步中，你会看到袋子滴水不漏。

第三步中，你会看到水从铅笔穿过的洞里流出来。

怪博士爷爷有话说

　　塑料袋是由聚乙烯这种聚合物制成的。聚合物具有伸缩性，当铅笔刺入塑料袋时，聚乙烯分子虽然会移开，但是它的伸缩性使这些分子依旧紧紧围在铅笔的四周。只要铅笔留在塑料袋上不动，塑料袋就不会漏水。可是一旦取下铅笔，水就会从铅笔穿过的洞里流出来。

6. 不会溢出的水

当我们将砖头放入装满水的盆中时，盆里的水会溢出来，溢出水的体积刚好和放入水中的砖头体积相同。但是你可以不断往装满水的杯子中放入回形针，水却不会溢出来哦！

准备工作

● 30 ~ 50 枚回形针
● 一个装满水的玻璃杯

跟我一起做

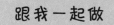

1 将回形针一个一个地放入装满水的玻璃杯中。

2 第 10 个、第 20 个……不断放入玻璃杯中。

观察结果

真是不可思议啊！

你会发现，即使放入所有的回形针，玻璃杯中的水也不会溢出来。

怪博士爷爷有话说

我们将回形针放入水中时，水面本该因为回形针占用了体积而上升。但由于水的表面张力非常大，所以，水面即使像山一样隆起，水一样不会溢出。随着回形针加入数量的增多，水面只是隆起而已。

7. 流不出的水

杯子里的水为什么流不出来了呢？一块手帕真的有那么大的力量吗？

- 一块手帕
- 一根橡皮筋
- 一个杯子
- 一瓶水
- 一个盆

跟我一起做

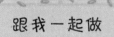

杯子里的水要适量，不用灌满。

 1 将手帕浸湿并拧干。

 2 将水灌进杯子里。

3 将手帕尽量展平盖住杯口，然后用橡皮筋紧紧固定。

 注意橡皮筋的弹力，不要弹到手。

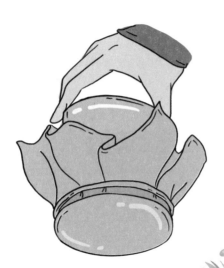

快速将杯子倒转过来。 **4**

下面可以放个盆，防止实验失败。

 观察结果

你会看到，水被封堵在了杯子里，就好像手帕不透水一样。

充满魔力的水

怪博士爷爷有话说

手帕浸湿后，水填补了手帕布料纤维间的小空隙，由于表面张力的作用，形成了一道严实的屏障，于是杯子里的水就不能渗透出去了。我们平时洗完头发，湿头发会变成一绺一绺的，给潮湿的沙子塑形而沙子不会松散，这些都说明水具有这种"联合"的能力。

8. 消失的水

同样两杯水，为什么只过了一天，其中一杯水就变少了呢?

准备工作

● 两个完全一样的杯子
● 一个小盘子
● 一支水彩笔
● 水

跟我一起做

注意，两个杯子里的水量一定要一样多。

1 在两个杯子内装入同样多的水，使水面齐平，用水彩笔在杯子上标记出水平面的位置。

 在其中一个杯子上盖上小盘子。

 将两个杯子放在暖气上或者太阳下。

观察结果

真奇怪，水跑到哪里去了？

一天过后，你会看到那个没有盖盘子的杯子里，水平面变低了，而那个盖了盘子的杯子里，水平面却几乎没有变化。

怪博士爷爷有话说

　　敞开的杯子里的水因为受热而蒸发了，也就是说，水变成了极小的、看不见的水蒸气，与空气混杂在一起，飞走了。通过这个实验，你就知道为什么展开的衣服在太阳下会晾干。除了热量，流动的空气（风和我们的气息）也能加快水的蒸发，因为运动的空气会使水蒸气远离潮湿的物体，使得周围环境里的空气可以继续容纳新的水蒸气。

9. 凭空而来的水

明明是干燥的玻璃杯，为什么会冒出水来呢？让我们一起来看看是怎么回事。

准备工作

● 一个玻璃杯
● 冰箱冷冻室

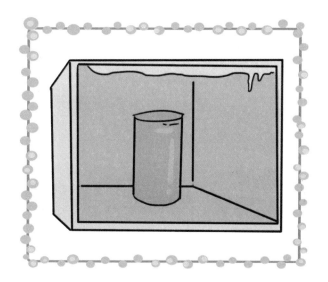

跟我一起做

放入冷冻室里的时间要控制好哦！

1 将完全干燥的玻璃杯放入冷冻室。

2 半小时后取出玻璃杯。

23

观察结果

哇～～玻璃杯下雨了！可是哪里来的雨水呢？

玻璃杯壁一下子变模糊了。过一会儿，你会看到杯壁上开始形成细小的水滴，用手指触碰便会沾湿手指。

怪博士爷爷有话说

在冷冻室里，玻璃杯壁的温度降低了。接触空气时，杯子将周围的空气变冷，空气中包含的水蒸气就会转化成小水滴的形态湿润玻璃。冬天汽车窗户会变模糊，是因为我们呼出的气体里面有大量的水蒸气，这些水蒸气一接触到冷空气马上就会凝结成小水滴。

10. 逃跑的水

人们常说"水往低处流"，能不能让水往高处流呢？下面这个实验就能帮你做到。

准备工作

- 一个玻璃杯
- 一个碗
- 两张厨房用纸
- 水

注意，碗里要干燥，不能有水。

跟我一起做

1 向玻璃杯中倒满水，将玻璃杯放在碗的旁边。

2 将准备好的两张纸巾仔细地、紧紧地卷起来，并缠在一起，制成一根"芯"，将这根"芯"搭在玻璃杯的边沿，让它的一头浸入水中，另一头伸入碗中。

观察结果

难道碗里有吸力？

你会发现，水很快就开始沿着"芯"向上移动，"芯"变得湿润起来。几分钟后，碗中出现了一些水。过了一段时间，当碗中的水位与玻璃杯中剩余的水相同时，水就会停止移动，这时如果你将玻璃杯抬高一点，水还会继续移动。

怪博士爷爷有话说

构成纸巾的纤维间有数以万计，甚至数以百万计的小孔。水会渗入这些小孔中，并沿着纸巾向上移动，这被称为"毛细现象"。水分从植物的根部运动到其他部位，也是毛细现象。

11. 油水换位

不用倒来倒去，就能让食用油与水相互交换位置，到底是怎么做到的呢？

- 一张硬纸板
- 一把剪刀
- 一瓶食用油
- 一个托盘
- 一瓶水
- 两个同样大小的玻璃杯

跟我一起做

使用剪刀时要注意安全哟！

从准备好的硬纸板上剪下来一块正方形纸板，面积大约100平方厘米。

1

2 向其中一个玻璃杯中倒满水，另一个玻璃杯中倒满植物油，将两个玻璃杯都放在托盘上。

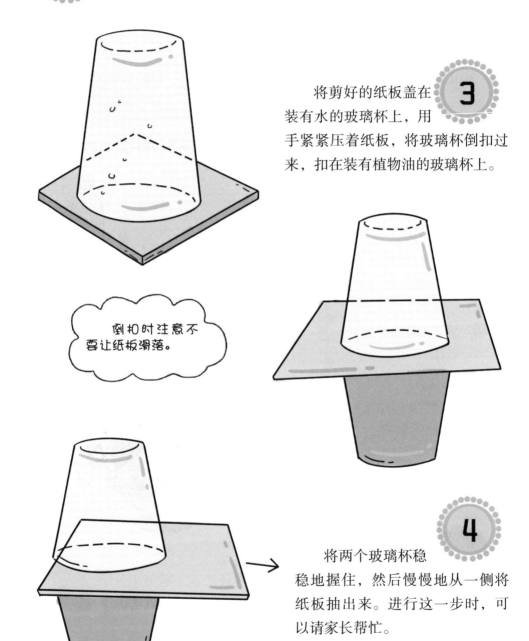

3 将剪好的纸板盖在装有水的玻璃杯上，用手紧紧压着纸板，将玻璃杯倒扣过来，扣在装有植物油的玻璃杯上。

倒扣时注意不要让纸板滑落。

4 将两个玻璃杯稳稳地握住，然后慢慢地从一侧将纸板抽出来。进行这一步时，可以请家长帮忙。

5 即使有少量水渗漏，也不用担心，继续慢慢地抽纸板，直到两个玻璃杯之间出现一点空隙。

观察结果

水和油居然都跑到对方的杯子里，为什么呢？

一会儿油会上升，进入装有水的玻璃杯中。它们会上升至杯底，漂浮在那里，油面呈向上凸起的曲面。

如果继续将纸板抽出，就会有大量的油进入装有水的玻璃杯中。同时，水会流入装有油的玻璃杯中。

一分钟或者更短的时间后，上面的玻璃杯里装满了油，而下面的玻璃杯里装满了水。

怪博士爷爷有话说

因为水比油重，所以实验中水向下流动，同时使得油向上运动，这就是油漂浮在水面的原因。

12. 用过滤网装水

过滤网能不能用来装水呢？看起来不能，但是如果你按照下面的步骤做的话，还真有可能实现呢！

准备工作

- 一个小过滤网
- 一瓶植物油
- 一个空盘
- 一个盛满水的玻璃杯

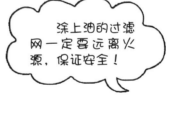
涂上油的过滤网一定要远离火源，保证安全！

跟我一起做

1 在过滤网的表面涂上一层植物油，确保每个小孔都没有被油堵住。

将过滤网置于空盘上方，用非常缓慢的速度，将玻璃杯中的水倒入过滤网。

真奇怪，过滤网怎么不漏水呢？

观察结果

近距离观察，你会发现有一些小水珠从过滤网上的小洞中挤了出来，但是很少有滴入空盘的。

怪博士爷爷有话说

在这个实验中，主要是小水珠的表面张力在起作用，油则起了辅助作用。即使将网上的油抖掉之后，也还是会有一些油依附在过滤网的钢丝线上。油在过滤网的钢丝线上形成了平滑的涂层，使过滤网的钢丝线间的空间变小了。

13. 水中游动的小船

你相信吗，洗衣液竟然能推动小船向前行驶？这到底是怎么回事呢？

准备工作

- 一个大方盘
- 一张小纸板
- 一把剪刀
- 一瓶洗衣液
- 水

实验后的水还可以再利用，要节约用水哦！

跟我一起做

1 在大方盘里装满水。

2

在纸板上剪出一个三角形的小船，等水静止以后，将三角形小船放在大方盘的一个角落里，一角指向水面的中心。

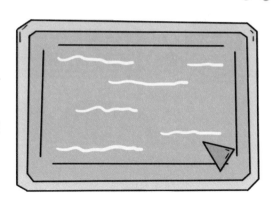

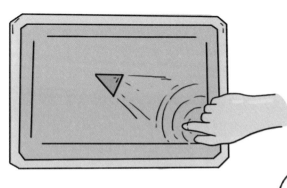

在一根手指上，抹一点洗衣液，然后将手指浸入大方盘。

3

注意，手指浸入的位置在小船的后方哦！

唉？小船怎么跑了？没有人推它走啊！

观察结果

你会看到，小船突然向着大方盘的另一方驶去。

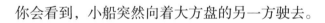

怪博士爷爷有话说

　　实验一开始，小船保持静止，因为表面张力在各个方向上都牵引着它。洗衣液在小船后方削弱了张力，而小船前方区域的张力依旧很强，于是小船就被牵拉着前进了。

　　如果你还想再做一次实验，一定要记得换水哦！

　　有的小朋友可能会问：小船后方的洗衣液是怎么做到让小船前进的？下面我给大家讲一讲。

　　清水本身并不能将脏东西，尤其是油污从衣服、盘子或者皮肤上分离下来。洗衣液的分子具有两种特性：一是

能将脏东西的小粒子剥离并粘到自己身上；二是能在水中溶解，减弱水分子之间结合的力。借着这两种特性，洗衣液可以将污垢分解成小块并"陪伴着"污垢在水中分散开来，因此洗衣液可以用这种方式将脏东西从要洗的衣物上剥离，使衣物洁净如新。

14. 水中的蛋壳

同一只鸡蛋的壳放在水里会呈现出不同的状态，一半开口向上，一半开口向下，你知道这是为什么吗？

准备工作

- 一只鸡蛋
- 一个装有水的透明鱼缸
- 一个杯子

跟我一起做

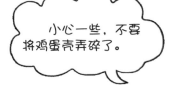

小心一些，不要将鸡蛋壳弄碎了。

1 将鸡蛋从中间打破，鸡蛋的蛋清和蛋黄放在杯子里。

好奇宝宝科学实验站

将两瓣鸡蛋壳壳口向下，让它们浸入水中，观察有什么变化？

观察结果

你会发现，鸡蛋壳一半开口向上，一半开口向下。

怪博士爷爷有话说

刚敲开的鸡蛋壳，大头的那一端会有一个气泡，只要这个气泡没有破裂，这半只鸡蛋壳就会口朝下沉下去，而没有气泡的那半只鸡蛋壳，就会口朝上沉下去。

15. 水中投掷硬币

你觉得向水中投掷硬币是一件比较简单的事情吗？做完下面的实验，就知道这件事可并不容易。

准备工作

- 清水
- 一个小玻璃鱼缸
- 一个小玻璃杯
- 一枚 5 角硬币

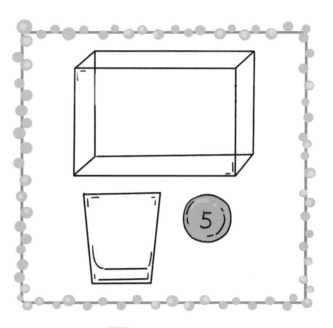

跟我一起做

注水时不要将玻璃杯弄倒了！

1 将小玻璃杯放入大口径的玻璃鱼缸中，缓慢注入清水。

2 试着将硬币投进小玻璃杯中，看看能不能做到。

可以反复多做几次实验，来得出自己的结论。

 观察结果

明明瞄准了，怎么投不进去呢？

你会发现，真的很难做到。

怪博士爷爷有话说

如果你笔直地放下硬币，在水中下沉的硬币会走一条曲线，因为下落的硬币只要稍有倾斜，下落时候向下倾斜的一面就会遇到很大的阻力。这样，水的阻力就会使得硬币轻微旋转，最后滑出一条弧形的路线。

16. 水的涟漪

准备工作

- 水
- 一只碗
- 一支铅笔

跟我一起做

向碗里加满水，等水面平静以后，使铅笔垂直于水面，用笔尖在碗中央轻轻碰几下。

真有趣，水面怎么会是一圈一圈的？

观察结果

小小的笔尖难道会魔法吗？

你会发现，水面上出现了以笔尖接触位置为圆心的圆形波纹。离圆心越远，波纹的形状就越不明显。

怪博士爷爷有话说

当平静的水面遇到外界的压力时，就会以波浪的形式移动，波浪是能量的传递方式，从中心位置传向别的位置。

17. 打水漂的原理

选一块薄而平的石片，贴近水面抛出去就可以打出一片片美丽的水花。

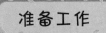

准备工作

- 一个澡盆
- 水

跟我一起做

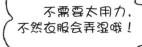

不需要太用力，不然衣服会弄湿哦！

1 向澡盆里装满水，用手掌侧面击水。

2

将五指伸开，用手掌正面击水。

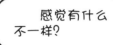

感觉有什么不一样？

3

一次迅速击水，一次慢慢击水，体会两次有什么不同？

唉？手上感到的阻力好像不一样啊！

观察结果

用手掌侧面和正面击水的时候，你会感到这两次阻力不同，五指伸开的时候，阻力明显增大。迅速击水的时候，水的阻力比较大。

怪博士爷爷有话说

　　用手掌侧面和正面击水的时候，阻力明显增大，这是因为水的阻力和面积有关。迅速击水的时候，水的阻力比较大，说明阻力和速度有关。这个实验说明，水的阻力和扔出去的石片大小密切相关，石片越大受阻越大。石片扁一点的话，能够扩大石片与水的接触面积，用力抛出石片，是为了获得更大的启动速度。

18. 收缩的面巾纸

面巾纸会不会变得越来越小呢？做完下面这个实验，你肯定会问："面巾纸怎么变成这样了？"

准备工作

- 一个玻璃杯
- 六张面巾纸
- 一支铅笔
- 一瓶水

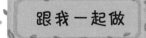

跟我一起做

倒水时小心一些，不要将玻璃杯碰碎了。

1 向玻璃杯中倒水，直到水面距离玻璃杯的杯沿约 9 厘米。

将每张面巾纸撕成一些宽约 3.75 厘米的纸条。

即使你撕的纸条不整齐，也没有关系。

将纸条放入水中，每次放一条，然后用铅笔将它们压至玻璃杯底。

观察结果

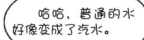

你会发现，时不时有小气泡从玻璃杯的杯底升起。

哈哈，普通的水好像变成了汽水。

可是真奇怪，这些小气泡从哪里来的呢？

怪博士爷爷有话说

这是因为，面巾纸里有很多空气，当你用铅笔压那些纸条的时候，你就将这些空气挤出来了。像面巾纸这样吸水性强的物品，其中只含有一部分固体物质，剩余的大部分都是空气。空气释放之后，面巾纸就变得非常小了，这就是你能够向这杯水中放入这么多面巾纸的原因。

19. 失控的球

这个球为什么不受控制？看完下面的实验你就知道答案了。

准备工作

- 一只乒乓球
- 一个漏斗
- 一个水槽
- 一个装满自来水的罐子

乒乓球无论什么情况下都会浮在水面吗？

跟我一起做

1 将乒乓球放在装满水的罐子里，因为乒乓球中有空气，所以它浮在水面上。

2 再将乒乓球放在漏斗中，用一只手指将漏斗底部堵住。

漏斗里面倒入水，乒乓球浮起来了。

将漏斗放到水槽里，拿开手指让水自由流淌出来。 **3**

唉？乒乓球怎么不受控制了？

4 当水从漏斗里流出去时，观察乒乓球是什么样子的。

观察结果

乒乓球在漏斗的底部，它并没有浮到水面上来。

怪博士爷爷有话说

　　漏斗里有向下的力施加在乒乓球上，这种力大于乒乓球受到的浮力。因为漏斗下面的水流出去了，所以无法给予乒乓球向上的浮力，向下流动的水就产生了一股向下的吸力，这种吸力将球吸在了漏斗的底部。只有当漏斗里装满水，并且漏斗下面被堵住了、水流不出去时，乒乓球才能浮在水面上。

20. 天平上的水和木头

木头能排出多少水呢？通过下面的实验可以找到答案。

准备工作

- 一台电子秤
- 一块木头
- 一条手绢
- 一个装满水的容器

跟我一起做

注意不要把水弄洒了！

1 将装满水的容器放在天平上称重，记下它的质量。

2 将容器放在手绢上，再将木头小心地放进容器里，水溢出来了。

水还在溢出时不要移动容器。

现在称一下装有木头的容器有多重。 **3**

观察结果

水少了，质量却没变！

你会发现，质量没有发生任何变化。

怪博士爷爷有话说

为什么没有发生改变呢？实验中木头和它所排出来的水是　　　的。也就是说，漂浮在水面上的物体的质量与该物体所排出的水的质量是相等的。早在 2000 多年前，希腊的自然科学家阿基米德就已经发现了这一定律。

21. 漂浮的玻璃杯

小朋友，你们见过会漂浮的玻璃杯吗？下面的实验中，你就能看到。

准备工作

● 两个大小不同的玻璃杯（细玻璃杯可以放进粗玻璃杯中）

跟我一起做

向粗玻璃杯中倒入少量水，然后将细玻璃杯放入粗玻璃杯中。

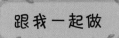

倒入的水没过杯底就行。

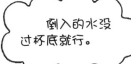

观察结果

难道是细玻璃杯太轻了？

你会看到，细玻璃杯浮起来了！如果你没有看清这一过程，那就重新做一次。

怪博士爷爷有话说

粗玻璃杯的底部有水，这些水的浮力比细玻璃杯的重力大，所以细玻璃杯就会浮起来。

22. 潮湿的土层

小朋友，能把水分从土壤中分离出来吗？来试试看吧！

准备工作

- 一个杯子
- 一张塑料薄膜
- 几块石头
- 一把铲子

跟我一起做

使用铲子时，不要伤到手哦！

1 在公园里能够被太阳晒到的地方挖一个很深的坑。

2 将杯子放在坑里面。

用塑料薄膜覆盖在坑口上，四边用石头压住，并用泥土把缝隙堵好。

3

4 在塑料薄膜中间放一块小石头，使薄膜略微向下凹进去。

石头的大小要掌握好，不要把薄膜弄破了。

观察结果

太阳光照射在塑料薄膜上，过一会儿，薄膜上就出现了水滴，它们不断向中间汇集，最后滴到杯子里。

怪博士爷爷有话说

看起来很干燥的土地其实含有大量的水分。太阳光透过塑料薄膜使土壤受热，这样土壤中蕴含的水分就蒸发了出来，遇到塑料薄膜后，就在薄膜上液化成水滴，并滴落下来。

23. 土壤中的水过滤器

为什么地下水不是混浊的？做完下面的实验，你就知道答案了。

准备工作

- 水
- 泥土
- 沙子
- 小石子
- 一个烧杯
- 一个大罐子
- 一个纸做的过滤器
- 一个底部有洞的空花盆

跟我一起做

注意铺放的顺序，不要弄混了。

1 将过滤器放在花盆里，再在花盆上铺一层石头，然后是沙子和泥土。

2 将这个花盆放在大罐子上。

花盆一定要放平稳哦！

在一个装满水的烧杯里撒进半勺土，并搅拌几下，让水看起来很脏。 **3**

4 将脏水倒进花盆里。

会发生什么神奇的事情呢？

 **观察结果**

从花盆里流出来的水不再是脏脏的颜色，罐子里的水也非常干净。

怪博士爷爷有话说

　　水不会被小石子、沙子和泥土阻隔下来，而是透过花盆底部的小孔，最终汇集到罐子里。沙子和小石子可以阻挡大部分的污物，而纸做的过滤器又可以阻挡细小的灰尘微粒，所以最后流出来的水看起来就要清澈许多。

　　同样的道理，地下的土层也像一个过滤器。当自然界的水穿过土壤层时，水溶解并带走了土壤中的矿物质。而土层所做的就是过滤出水中的污物，这个过程需要大约一个半月，这样，就会流出干净的水。

24. 模拟井水抽取

井水的抽取过程是怎样的呢？如何才能顺利抽取到水呢？

准备工作

- 橡皮泥
- 一把锤子
- 一颗钉子
- 两根吸管
- 两个没有盖子的玻璃罐
- 一个有盖子的玻璃罐
- 被墨水或果汁染了色的水

跟我一起做

这两个孔之间要尽可能隔得远一些。

1 请大人用锤子和钉子在玻璃罐的盖子上凿两个孔。

将吸管插到孔中，用橡皮泥固定住。注意这两根吸管的长度：当你拧紧罐子上的盖子时，一根吸管几乎接触到瓶子底部，另一根吸管略微伸过瓶盖就可以了。

在两个罐子里分别装上半罐被染色的水，将准备好的盖子拧在其中一个罐子上。

现在将那个装有水但是没有盖子的罐子放在一个较高的平台上，将另一个空罐子放在平台边上。

注意罐子的位置关系，不要放错了。

将有盖子的罐子倒过来，参考下面示意图。

哇～～好像一个小喷泉！

观察结果

你会看到，在拧紧了盖子的罐子里，几乎接触到瓶底的吸管中有水冒出。

怪博士爷爷有话说

因为缝隙已经被橡皮泥封住了，所以拧紧了盖子的罐子里空气含量不再变化。水会通过那根刚伸过瓶盖的吸管流到事先准备好的空罐子里，这时候，上面那个罐子里的水少了，空气又进不去。瓶内的压强小于瓶外的压强，这种压力差让放在平台上的罐子里的水通过吸管流到上面的罐子里去了。

这个实验跟井水的抽取原理是一样的，在农村没有自来水的地方，人们会挖很深的管状井，用很长的绳子系在桶上，扔到井里，提取地下水。这种井的下层井壁就像一个带孔的筛子一样，能够过滤掉沙子和泥土，能够提取出干净的水。

25. 盐的溶解

盐是怎样溶解到水里的？海里怎么会有盐呢？

准备工作

- 水
- 小石子
- 食盐
- 沙子
- 一个空花盆
- 一个大罐子
- 一个纸做的过滤器

跟我一起做

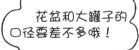

花盆和大罐子的口径要差不多哦！

在花盆里放纸做的过滤器，然后将花盆放在大罐子上。

1

在过滤器里放上干净的石子，并撒上食盐。

把水浇在石子和食盐上，直到大罐子快要被装满为止。

4 把手指伸进水中，尝一下味道。

嗯？盐难道没有被过滤掉吗？

观察结果

水尝起来有点咸。

怪博士爷爷有话说

食盐溶解在水里，不会被石子过滤掉。在自然界中，雨水落入土壤，在水到达地下水层的过程中，溶解了所遇到的盐。地下泉水携带着溶解的盐涌到水面。　尝起来不是咸的，是因为大量的水中所溶解的盐只有很少一点。海水中的含盐量几乎不会变化，是因为淡水中会有盐不断汇入海中，这些盐中的一部分会沉淀在海底或珊瑚、贝壳等的表面上。

26. 海水淡化设备

如何从海水中提取可饮用的淡化水？快跟随我们一起做下面的实验吧！

准备工作

- 水
- 一袋食盐
- 一口锅
- 一个电磁炉
- 一把大勺子
- 一条干净的手绢
- 一只小碗

跟我一起做

小朋友要大胆地尝哦，不要害怕。

在锅里装半锅水，将食盐溶解在水里，尝一下，要求水是咸的。

请大人将锅里的水煮沸腾。

将大勺子横放在锅上，再在上面铺上手绢。

 水沸腾以后，再加热一段时间，直到手绢完全被水蒸气打湿。

请大人将手绢拧干，
把水拧在小碗里。

咦？水好像
没什么味道啊！

 尝一下小碗里水的味道。

观察结果

水里的盐被谁偷走了呢?

小碗里的水不是咸的。

怪博士爷爷有话说

　　溶解在水中的盐不会随着水蒸气上升到手绢上。把手绢拧干,找一个容器接住拧出来的水。在紧急情况下,用这种方法就可以从海水中提炼出淡水来饮用。

27. 简易喷泉

小朋友们平时在公园里看到的喷泉是不是很美丽呀，下面我们带领大家做一个简易的喷泉。

准备工作

- 一根塑料管
- 一卷胶带
- 滴管的玻璃部分
- 一个漏斗
- 水

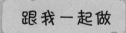

跟我一起做

1 用胶带将漏斗与滴管的玻璃部分分别固定在塑料管的两端。

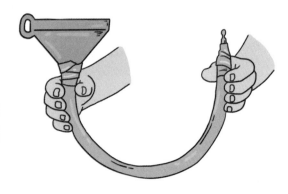

2 用一根手指堵住滴管玻璃部分的开口，从漏斗一端将水灌入塑料管。

为了方便，在水槽边操作更好哦！

3 降低滴管玻璃部分一端的高度，然后松开手指。

哇～～小喷泉做好了！

观察结果

一股水柱从滴管玻璃部分的口喷出：漏斗与滴管玻璃部分的高差越大，水柱越高。

怪博士爷爷有话说

漏斗的开口上方空气带来的气压和塑料管里面的水压共同作用，产生了一股向上喷的水流。如果举高漏斗，会加大水流高度，向下施压的水层深度会随之增大，水柱便喷得更高。

28. 奇怪的线圈

一旦改变了水的表面张力，奇怪的事情就会发生。

准备工作

- 一只大碗
- 水
- 一块肥皂
- 一根长约 30 厘米的线

跟我一起做

 跟妈妈借碗的时候要轻拿轻放哦，不要摔碎了。

(1) 向大碗里倒满水。

将线的两头缠在一起（不要打结），让线形成一个线圈，小心翼翼地将线圈放在水面上。

握住肥皂的一角，将其慢慢地放入水中的线圈里。

线圈大小要合适，能将肥皂完全套在里面。

观察结果

你会看到，线圈将会绕着肥皂边缘形成一个圈。

怪博士爷爷有话说

　　肥皂破坏了线圈中水的表面张力，而线圈使得肥皂不能向线圈外运动，这样一来，线圈外的水的表面张力就不会被破坏。由于线圈外的水依然有表面张力，这个表面张力就将线圈向外拉，于是线就绕着肥皂边缘形成了一个圈。

29. 让软木塞听话

这个软木塞为什么这么不听话，怎么才能收服它呢?

准备工作

- 一个软木塞
- 一个玻璃杯
- 水
- 一把汤匙

跟我一起做

软木塞不能
老实地待着!

1 向玻璃杯里倒入水，将软木塞放入玻璃杯中水的中心，使其漂浮在水面上。不一会儿，软木塞就不在水的中心了。

2　　　现在我们要做的是，在不接触软木塞的情况下，让它回到玻璃杯中水的中心。

我们慢慢地、以每次一汤匙的量向玻璃杯中加水。

观察结果

软木塞怎么又跑回去了？

当水面升高到足够高的时候，软木塞就会漂回玻璃杯中水的中心，并且停在那里。

怪博士爷爷有话说

在这个实验中，水的表面张力使水位升高，最终超过玻璃杯的杯沿。这时，水面是弧形的，最高点就是水面的中心。软木塞会自己寻找水面的最高点。

30. 停在水面上的针

是什么力量让针停在了水面上？做完下面的实验，你就知道答案了。

准备工作

- 一把镊子
- 一根针
- 一个杯子
- 水

跟我一起做

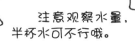

注意观察水量，半杯水可不行哦。

1 将杯中盛满水，水面要到达杯子边缘。

用镊子夹起针，然后小心、缓慢地将其放置在水面上。

针必须是干燥的哦！

有可能一次实验不成功，注意放针的时候，一定要缓慢并且水平放置，还要保持针的干燥。

观察结果

你会看到，针漂浮在水面上。

怪博士爷爷有话说

水面表层的水分子像膜一样紧密排列，足以支撑住轻质的物体。保持这些分子之间彼此联合的力叫作表面张力。

当水灌到杯子边缘的时候你可以近距离观察一下水面：超出杯子边缘时水面会微微向上弯曲拱起来。实际上，表面张力总是趋向于将水封闭起来，像个袋子一样，所以如果只有极少量的水，那么水就会以球形封闭，这样便形成了水滴。

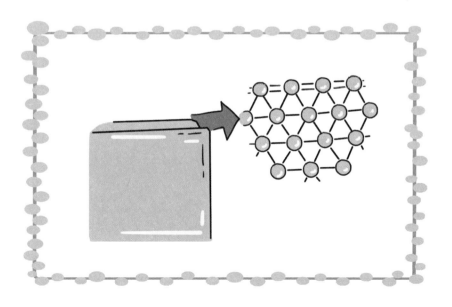

31. 吹出同心泡泡

小朋友,你们试过将吹出的泡泡套在一起吗? 快来跟我做下面的实验吧。

准备工作

- 一瓶吹泡泡水
- 一根吸管
- 一块玻璃

跟我一起做

玻璃很容易摔碎,所以润湿时一定要拿稳哦!

 1 润湿玻璃。

2 将吸管浸入吹泡泡水，吹出一个泡泡并把它放在湿润的玻璃上，泡泡会变成一个圆顶的样子。

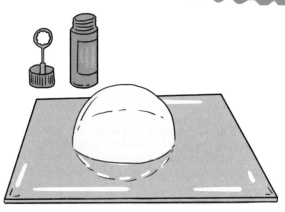

如果泡泡碎了，就多试几次。

再将吸管浸入吹泡泡水，吸管外侧也要完全浸湿，然后十分小心地把吸管插入上一个圆顶中，吹出第二个泡泡。

3

4 用同样的方法吹出第三个甚至更多的泡泡。

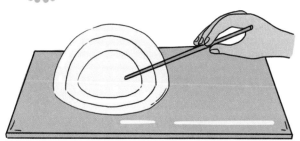

要特别小心，让每一个新泡泡都不会碰到前一个。

观察结果

每个泡泡都待在前一个泡泡的中心，并且会使得前一个泡泡扩大。

怪博士爷爷有话说

　　泡泡的内部充满空气。新泡泡的加入会挤压前一个泡泡里面的空气，又由于吹泡泡水本身具有一定的弹性，所以前一个泡泡会变大。实验中，我们之所以选用玻璃来作为支撑平台，是因为它足够光滑，小朋友可以再试试其他操作平台，感受下不同的实验效果。

32. 会跳的泡泡

你没听错！泡泡也会跳，只要你跟紧我们的实验步骤，很容易就能做到。

准备工作

- 一件羊毛织物
- 一瓶吹泡泡水
- 一根吸管
- 一个乒乓球拍

跟我一起做

实验前要跟妈妈确认羊毛织物是废旧物品哦！

1 将羊毛织物包裹在球拍上。

要包裹好，不要松散下来。

吹一个泡泡，想办法让它落在羊毛织物上。

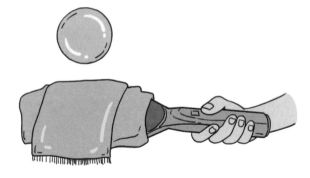

如果失败了，就多试几次，或者寻求家长来帮忙。

小心地移动球拍，让泡泡跳起来。

观察结果

太有趣了！好像在打乒乓球一样。

你会看到，泡泡落在羊毛织物上，没有改变形状也没有破，甚至还能跳起来。

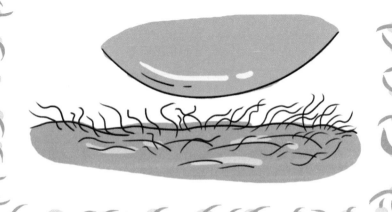

怪博士爷爷有话说

泡泡的表面由水和肥皂组成，自身的弹性让它足以落在柔软的羊毛上保持一定的悬空而不破裂。如果条件允许，你可以在寒冷的冬天玩这个游戏，试着把你的羊毛托盘和泡泡带到室外去，你会看到冻结的泡泡非常美，像极了一个水晶球。

有小朋友问我：有方形的泡泡吗？当然有了！小朋友们如果感兴趣，可以用细铁丝做出一些想要的形状，再用吹泡泡水来实验，你会有不一样的惊喜哦！下面是怪博士爷爷做的，你也来做做看吧！

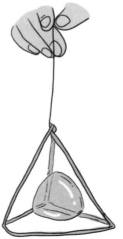

33. 跳跃的卫生球

是什么力量驱使卫生球在水中上蹿下跳，做完下面的实验，你就能找到答案了。

准备工作

- 若干个卫生球
- 一瓶醋
- 一袋小苏打
- 一个玻璃罐
- 一把汤匙
- 水

跟我一起做

1 向玻璃罐中倒水，加入两汤匙的醋和两汤匙的小苏打，慢慢搅拌均匀。

2 将卫生球浸入液体中。

如果卫生球表面过于光滑，可以刮一刮让它变得粗糙一点。

观察结果

一开始，卫生球都沉到了水底。过了一会儿，卫生球表面会附着上一些小气泡，然后卫生球便开始上升，接着卫生球会来回上升下沉很多次。

怪博士爷爷有话说

醋和小苏打结合会释放出一种叫作二氧化碳的气体，二氧化碳会以小气泡的形态在水中散开。像所有气体一样，二氧化碳比水轻，会漂浮上来。当二氧化碳气泡附着在卫生球上时，它会带着卫生球一起向上运动，然后分离并逸散到空气中去。这时，卫生球又重新变重，沉到水底，而新的气泡又会带着它再次上升。

34. 清水变白水

一杯清澈见底的清水,吹一口气,竟然瞬间变得浑浊起来。这是为什么呢?

准备工作

- 两个锥形烧瓶
- 两根蜡管或麦管
- 自来水
- 石灰水
- 胶管

跟我一起做

胶管与蜡管或麦管连接要紧密。

1 将两个锥形烧瓶分别装入自来水和石灰水,然后等待一段时间,让石灰水澄清。

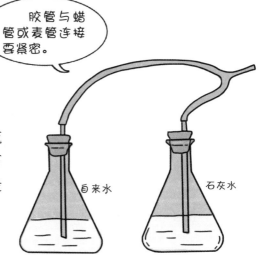

吹气

自来水

石灰水

2

分别将蜡管或麦管插进石灰水和清水里，向水里吹气。

为了效果明显，可以多吹几口气。

观察结果

没过多久，你会发现石灰水会变成牛奶一样的乳白色。而向清水中吹气，就什么反应都没有。

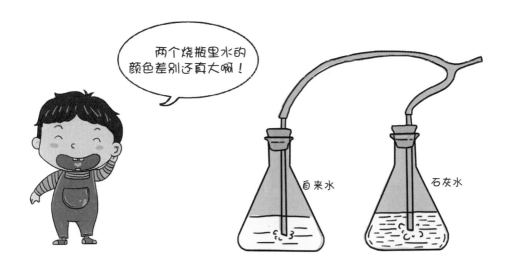

两个烧瓶里水的颜色差别还真大啊！

自来水

石灰水

怪博士爷爷有话说

因为人体呼出废气的主要成分是二氧化碳，它与石灰水起化学反应，形成白色碳酸钙沉淀，使得石灰水变成乳白色，自然看起来就成了白色。

35. 洗衣粉的超能力

如果没有洗衣粉、洗洁精的帮忙，清洁工作一定会很辛苦的。那么，你知道洗衣粉是怎么将衣服洗干净的吗？

准备工作

- 一袋洗衣粉
- 几条绳子
- 一把汤匙
- 一个玻璃杯
- 水

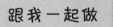
跟我一起做

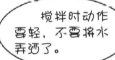
搅拌时动作要轻，不要将水弄洒了。

1 在一个玻璃杯里加入洗衣粉，然后加入适量的水，用汤匙搅拌均匀。

2 在另一个玻璃杯中装入清水，再将准备好的细绳各放两条到两个玻璃杯中。观察玻璃杯中有什么变化。

两条绳子的长度要一致哦！

观察结果

真奇怪！两条绳子明明一样重啊？

你会发现，在装清水的玻璃杯里，绳子会浮在水面上。而在有洗衣粉的杯子里，绳子却很快地沉到了杯底。

怪博士爷爷有话说

实验中，绳子在含有洗衣粉的杯子里下沉了，是因为加入洗衣粉后，降低了原有的水的表面张力。洗衣粉是一种合成洗涤剂，由许多分子组成，这些分子的一端很容易和水混合，被称为"亲水端"；另一端很容易和油混合，被称为"亲油端"。它们与油污相遇后，亲油端紧紧抓住油污，亲水端则从外面将油污围住，进而很快浸湿、浸透衣服，所以衣服很容易被洗净。

36. 液体变少了

在我们的认知常识里，东西通常都是越加越多，可是有一种东西却越加越少，这是怎么回事呢？

准备工作

- 一瓶纯酒精
- 一瓶蓝墨水
- 一支毛笔
- 一个软木塞
- 一个无色透明的玻璃瓶或者一支玻璃试管

跟我一起做

注意，实验时要远离火源。

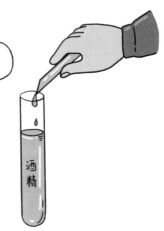

1 将一两滴蓝墨水滴入纯酒精，让酒精带有一定颜色，便于和水区分。

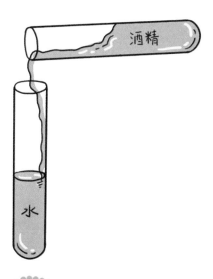

将透明的玻璃瓶或者玻璃试管装上一半水，再沿瓶壁慢慢地加入带有颜色的纯酒精。

2

控制酒精的加入量，不要太满。

在瓶壁上用毛笔标出酒精液面的位置。然后用塞子将瓶口塞紧，上下用力摇动几次，使水和酒精充分混合。

塞子一定要塞紧，不然摇晃时液体容易洒出来。

诶？瓶里的液体怎么少了？

观察结果

没过多久，你会发现瓶里的液体液面比混合前下降了，也就说，混合后液体的体积比混合之前两种液体的总体积缩小了一些。

怪博士爷爷有话说

　　其实无论是水还是酒精，都是由分子构成的。因为水和酒精充分混合后，由于水分子和酒精分子之间的引力比较大，就让它们之间的距离缩小了，大量的水分子和酒精分子融合以后，整个混合液的体积也就减小了。

37. 水下火山

小朋友都在电视或者电影里看过火山喷发的场景吧，是不是很壮观啊？下面我们动手做一个关于水下火山的游戏，来感受一下这种奇妙的自然景观吧！

准备工作

- 冷热水若干
- 少量红墨水
- 一个带盖的小瓶
- 一个玻璃缸或玻璃盆

跟我一起做

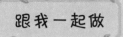

要掌握好冷水的量哦，不要太少。

1 在玻璃缸中倒入 3/4 的冷水。

将小瓶中装满热水，加入几滴红墨水，拧紧瓶盖，并摇晃均匀。

将小瓶放在缸底并拧开盖子。

观察结果

你会看到，这时小瓶中的红墨水就像火山爆发的烟云，向上升起，到达水面之后，便扩散开来。

怪博士爷爷有话说

温水分子之间的距离比冷水大，温水比冷水轻，在冷水中具有浮力，所以就往上升起了。过了一会儿，温水与冷水混合，色素便均匀地分布在水中了。

38. 自制墨水

你试过自己来配置墨水吗？下面这个实验，就来告诉大家怎么样才能成功配制出墨水，快跟我一起试试吧！

准备工作

- 一个茶包
- 一瓶白醋
- 开水
- 一个钢丝球
- 大小不同的烧杯
- 一支毛笔
- 一张纸
- 一副手套

跟我一起做

1 将茶包泡在一杯热水里，冷却后备用。

2 在小烧杯里加入50毫升的白醋，将钢丝球泡在白醋里。在大烧杯里加入沸水。

3 戴上手套，将第二步中的小烧杯放在大烧杯里。

注意安全，不要烫到手，可以找爸爸妈妈帮忙。

4 5分钟过后，取出小烧杯，将钢丝球和第一步的茶包取出。接着将茶水和醋倒入另一只小烧杯混合均匀。

5 用毛笔蘸着混合液在纸上写字。等待一段时间，观察现象。

魔力

观察结果

半小时后，纸上会留下深蓝色的字迹。

怪博士爷爷有话说

醋和钢丝球在加热的条件下发生反应，生成亚铁离子和氢气。氢气逸出，亚铁离子便溶解在醋中。茶包里的茶叶含有鞣酸，鞣酸可以溶解在茶水里。当醋和茶水混合时，亚铁离子和鞣酸反应，产生鞣酸亚铁。鞣酸亚铁是无色的，容易被氧气氧化，进而呈现出深蓝色。于是用它的溶液写字，一开始是透明的，但是在空气中放一段时间后，字就变成了深蓝色。

39. 来去无踪的墨水

白纸上的字迹居然一会儿出现，一会儿消失，跟墨水有关系吗？做完下面的实验，你就知道答案了。

准备工作

- 一个柠檬
- 一个盘子
- 一把汤匙
- 一根棉花棒
- 一张白纸
- 一盏台灯

跟我一起做

1 将柠檬压出汁，然后将柠檬汁倒入盘子中。在盘子里面加入一些水，稀释柠檬汁，并用汤匙搅拌均匀。

2 用棉花棒蘸上一点稀释后的柠檬汁，在白纸上面写下几个字。

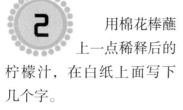

等白纸上的汁液风干后，看还有字吗？

将白纸放 **3** 在台灯灯泡上加热，此时，观察字迹的变化。

太奇怪了！纸上的字时隐时现的。

观察结果

第二步中，你会发现字迹不见了。
第三步中，你会发现又能看到字迹了。

怪博士爷爷有话说

　　稀释的柠檬汁中含有碳水化合物，这种碳水化合物的水溶液是无色的。因此，白纸上面的汁液风干后，字迹就不见了。然而，把白纸放在灯泡上加热时，这种碳水化合物又会分解，生成碳原子，于是白纸上的字又会显现出来。

40. 盐水星星

我们平时看到的星星都挂在天空中，只有晚上才能看见，下面我们来做一个实验，可以把星星搬到纸上来哟！

准备工作

- 一张白纸
- 一支 2B 铅笔
- 一杯水
- 一根牙签
- 一袋食盐

跟我一起做

盐水浓度要适当，不能太低。

1 配出一杯盐水。

好奇宝宝科学实验站

2 用牙签大头的一端蘸盐水，在纸上画出几颗星星。

星星在哪里？

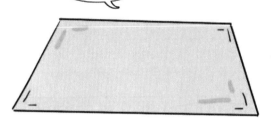

半小时过后，纸干了，你能看到星星吗？

3

4 拿着软芯的 2B 铅笔，笔头放平，在纸上轻轻涂一层。

哇～～太不可思议了，怎么会出现星星？

观察结果

第三步中，你会看到星星消失了。

第四步中，你会看到原本不显示星星的纸上，又能看到星星了。

106

怪博士爷爷有话说

　　画星星的盐水在半小时后蒸发掉了水分，纸上留下了食盐颗粒，尽管肉眼看不到它们的存在，但这些细小的颗粒却使纸面变得粗糙不平了。用铅笔涂时，先在纸上遇到了食盐颗粒，就把这部分涂黑了，也就是原本的星星图案。

41. 100℃以下沸腾的水

水还没有达到 100 ℃也能沸腾？你相信吗？快来跟我一起做做看。这个实验要寻求家长的帮助哦！

准备工作

- 一支试管
- 一个酒精灯
- 一个塑料袋
- 小冰块
- 水
- 一个橡皮塞
- 一个长木夹子
- 一支比试管短的温度计

跟我一起做

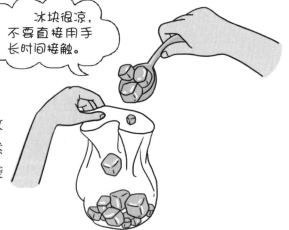

> 冰块很凉，不要直接用手长时间接触。

1 在塑料袋里放入几块小冰块，然后在塑料袋口打个结，封紧袋口，放置一旁备用。

在试管中注入 1/4 的水，并将温度计倒放在试管内。

3 用长木夹夹住试管，置于酒精灯上加热，加热试管时，须不时地摇动试管，以避免水突然沸腾造成意外。水沸腾后，继续加热几分钟。然后趁着试管口冒白烟时，用橡皮塞轻轻盖在试管上，压紧橡皮塞，并将火焰熄减。

加热时一定要小心，不要被烫伤了！建议小朋友观看，家长来操作。

4 用长木夹夹起试管，压紧橡皮塞，然后倒立试管，用事先准备好装有冰块的塑料袋包住试管底部，这时观察试管里的变化。

观察结果

你会看到，原本停止沸腾的水又冒泡了，再次沸腾起来。此时观察一下温度计的温度，发现温度不到 100℃。

怪博士爷爷有话说

液体的沸点受到压力的影响，压力越大，沸点越高；反之，压力越小，沸点就越低。本实验中先加热试管使水沸腾，让水蒸气充满在密封试管的空间中，再用冷水袋包住试管，让水蒸气凝结成水，造成试管内产生低压状态。而且水袋越冷，试管内压力越低。这样即使没有达到 100 ℃，试管内的水也可以沸腾。

42. 不会沸腾的水

在标准大气压下，水会在 100 ℃沸腾。可是这个游戏中的水为什么持续加热也不会沸腾呢？这其中的奥妙要你自己来寻找喽！

准备工作

- 一个玻璃杯
- 一口锅
- 一个电磁炉
- 水

跟我一起做

1 在锅里放入适量的水，将玻璃杯放在锅里，然后在玻璃杯里也加入水。

玻璃杯中的水要与锅中的水保持相同的高度。

将锅放在电磁炉上加热。

过一会儿，锅中的水就会沸腾起来，观察杯中水的变化。

观察结果

不要用手去碰杯子，小心烫到。

你会看到，杯中的水没有沸腾起来。

怪博士爷爷有话说

锅中水的温度上升较快，所以加热一会儿就能达到沸点。而杯里的水由于杯子的阻隔，所以温度上升较慢。因此，当锅中的水沸腾时，杯中的水还没有达到 100 ℃。而当锅中的水沸腾后，会将热量持续供给水蒸气，以保持它们从液体变成气体，所以锅中的水不会比 100 ℃高，也就无法传给杯中的水，让它达到 100 ℃以上的温度。因此，杯中的水在锅中的水没有蒸发完之前就不会沸腾。

43. 生活在沸水里的鱼

你看过小鱼在开水中依然自由地游来游去吗？做完下面的实验，你就能做到了。

准备工作

- 一支试管
- 一个试管夹
- 一根蜡烛
- 一盒火柴
- 水
- 一个装有小鱼的鱼缸

小鱼也有生命，动作要轻柔哦！

跟我一起做

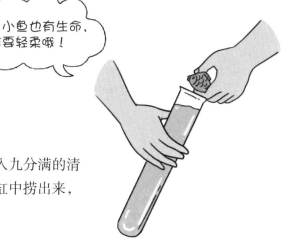

1 在试管内加入九分满的清水。将小鱼从鱼缸中捞出来，放入试管中。

2 用试管夹夹住试管，以口朝上的方式倾斜。点燃蜡烛，然后将试管上方的水加热。

小朋友注意，只能在上方加热。

3 过一会儿，试管里的水开了，还能看到水蒸气。注意观察小鱼的变化。

天哪！怎么办？小鱼会不会死掉啊？

观察结果

你会看到，试管底部的小鱼却丝毫没有受到干扰，依然轻松自在地游着。

怪博士爷爷有话说

小鱼不会被开水烫到，是因为试管中的水不满足热对流所需的条件。在这个实验中，被加热的只是试管上方的水，水在加热后会自然往上升，而不会向下流。虽然试管上方的水沸腾了，却不会影响下方的水。因此，试管底部的小鱼能不受任何干扰，自由自在地游着。

小朋友，学会这个实验，你们就能知道为什么把暖气片装在屋子下方了。这是因为安装在屋子下方的暖气使附近的空气受热上升，周围较冷的空气则会流过来补充，补充过来的空气又被加热上升……这样室内冷、热空气相对流动起来，暖气散发的热便会散开，使整个屋内的空气逐渐变热。如果将暖气装在屋子上方，那么热空气在上面，冷空气在下面，就不会产生对流。

44. 神奇的热分离

　　将糖放在水里搅拌，糖很快溶解变成糖水。那么，加热糖水的时候，水蒸气会不水也是甜的呢？下面这个实验就会告诉你答案。

准备工作

- 一袋白糖
- 水
- 一把汤匙
- 一个电磁炉
- 一口锅

跟我一起做

糖水搅拌完使用电磁炉时，最好有家长的陪同。

1 　　在锅里放入一些糖和水，用汤匙搅拌均匀，制成糖水，然后将糖水放在电磁炉上加热。

2 糖水加热至沸腾后，将汤匙放到糖水的蒸汽中。

> 汤匙很热，不要让蒸汽碰到手。

3 让汤匙冷却一会儿后，尝尝汤匙上有什么味道。

> 一定要等到汤匙凉了再试，避免烫到嘴。

观察结果

你会发现，汤匙一点也不甜。

怪博士爷爷有话说

　　汤匙为什么不甜呢？这是因为汤匙上面只有水分子，而没有糖分子。因为加热时，水受热变为水蒸气。水蒸气遇到冷的汤匙时，它的运动速度会减小，分子间的吸引力就会增大。于是这些分子聚集在一起，在汤匙上重新形成液态的水。而糖分子则会继续留在剩余的糖水中，所以汤匙一点都不甜。

45. 扩散得快慢

同样的红墨水，在热水和冷水中的扩散速度会一样吗？

准备工作

- 一瓶红墨水
- 一支滴管
- 两个透明的水杯
- 冷水
- 热水

跟我一起做

倒热水时小心一些，不要烫到自己。

1 在一个玻璃杯里装入冷水，另一个玻璃杯里装入热水。

用滴管吸入部分红墨水。

分别在每个杯子里快速地加入一滴红墨水，观察红墨水在两个玻璃杯里扩散的速度。

观察结果

你会看到，两个玻璃杯里的红墨水以不同的速度扩散。

怪博士爷爷有话说

红墨水扩散表示水分子在不停地运动，而热能会加速水分子运动，所以在实验中可以看到，冷水染色的速度比热水慢。当水温较高时，**热能**会让水分子移动加快，使得红墨水扩散得更快。

46. 水蒸气变身术

水蒸气也会变魔术。夏日的早晨，我们经常会在树木的叶子上看到水珠，其实它们是由空气中的水蒸气变成的。下面我们来做一个关于水蒸气的实验。

准备工作

● 玻璃窗

跟我一起做

1 手指并拢，然后将手掌贴在玻璃窗上。

2 计时一分钟，抽回手。仔细观察玻璃窗，看看有什么变化?

诶? 窗户上怎么会有手印呢?

观察结果

你会看到，在手掌心接触玻璃的位置旁边出现了小水滴，而在手接触玻璃的位置则没有水滴。

手印会留在玻璃上，怪不得妈妈不让我摸刚擦完的玻璃窗。

可是，这其中有什么道理呢?

怪博士爷爷有话说

　　人手的温度要比玻璃的温度高，因此手周围的空气较热。由于蒸散作用，皮肤也在不断的排出水分，所以手附近的空气中，包含着一定数量的水蒸气。水蒸气跟冷玻璃接触后会发生冷凝，结成液态的微小水滴。我们肉眼看到的水滴，就是凝结在玻璃上的百万颗微小水滴的集合。在手接触玻璃的位置上没有水滴，这是因为那里没有发生气流循环。

47. 雾气缭绕

玻璃和镜面上会蒙上雾气吗？为什么会这样呢？

准备工作

- 一面镜子
- 一盒纸巾
- 一个电吹风
- 一台冰箱

跟我一起做

使用电吹风时，要注意用电安全哦！

1 用纸巾将镜面擦干净。

2 用电吹风对着镜面吹热风。

对着不同温度的镜子哈气会出现不同的情况吗?

再对着镜子哈气,并观察。

3

将镜子放在冰箱里 20 分钟,从冰箱里取出镜子,再对着镜子哈气。

4

观察结果

差别真是太大了,这是为什么呢?

对着被热风吹过的镜面哈气,镜面上不会覆盖雾气;从冰箱里拿出来镜子,还没对它吹气,镜面上就会出现一层雾气。

怪博士爷爷有话说

　　不管是室内的空气还是呼出的气体，其中都含有水蒸气。当温暖的室内空气或者更温暖的呼出的气体遇到冰冷的镜面时，就会以雾的形式在镜面上形成一层小水滴。

　　当镜子受热时，这些水又蒸发了。当冷的平面上吹过一阵暖风，如电吹风吹出的热风，平面上会形成一层小水珠，但它们蒸发得特别快。而对一个温度较高的平面，空气中的水无法在平面上散热液化，所以对着被电吹风的热风吹过的镜子哈气，不会产生雾气。

48. 魔术气球

将装有水的气球放入装有不同温度水的广口瓶中，会发生什么变化呢？

准备工作

- 两个小号气球
- 两个大号广口瓶
- 冷水
- 热水

跟我一起做

如果担心水不够冷，可以向水中加冰块，然后再将冰水倒入气球。

1 向气球中倒入冷水，并在气球的吹气处系个死结，防止水漏出来。

向气球里倒水时可以找爸爸妈妈帮忙哦！

2 向其中一个广口瓶中倒半杯热水，另一个广口瓶中倒半杯冷水，再将两个装有水的气球放入广口瓶中。

观察结果

你会看到，装有热水的广口瓶中的气球沉入瓶底，另一个广口瓶中的气球漂浮在水中。

怪博士爷爷有话说

跟热水比起来，冷水分子间的间距比较小，冷水的密度比较大，同样体积的冷水比热水重。所以，装有热水的广口瓶中的气球会沉底，装有冷水的广口瓶中的气球之所以漂在水中也与气球内外的水的温差相关（气球中的水是经过冰块降温的，而杯中的水只是普通的冷水）。

49. 崭新的铁钉

铁钉暴露在空气中一段时间，很容易生锈。你能想出一个好办法，让铁钉永远保持崭新的样子吗？

准备工作

- 三颗铁钉
- 一个玻璃瓶
- 植物油
- 冷水和热水
- 一张防锈纸

跟我一起做

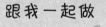

1 用防锈纸擦拭铁钉，除去表面可能存在的工业防锈物质。

注意不要伤到手指。

2 在其中两个玻璃瓶中倒入冷水，另一个玻璃瓶中倒入热水，分别做好标记。

小心一些，不要烫到自己。

在热水中滴入一些油，将一颗铁钉也抹上油。 **3**

4 将抹油的铁钉放入 1 号瓶（冷水）中，将第二颗没抹油的铁钉放入 2 号瓶（热水和油混合液）中，将第三颗没抹油的铁钉放入 3 号瓶（冷水）中。

1 号　　　　　　2 号　　　　　　3 号

观察结果

几天过后，你会发现，1 号、2 号瓶内的铁钉都没有生锈，只有 3 号瓶内的铁钉生锈了。

怪博士爷爷有话说

铁锈的产生主要是因为氧气和铁在潮湿的环境下发生氧化反应。1号瓶内，铁钉上的油层将铁钉和氧气隔离开来，防止铁钉的氧化。由于加热会使水中的含氧量降低，加上水面上有一层油膜，阻止2号瓶中的水重新吸收（溶解）氧气，所以2号瓶里的铁钉也不会生锈。只有3号瓶中的铁钉，由于符合发生氧化反应的条件，因此会生锈。

50. 固态水

固态的水和液体的水有什么区别？一起来看下面的实验吧！

准备工作

- 水
- 冰箱冷冻室
- 一个带盖的玻璃罐
- 几块冰块

跟我一起做

1 向玻璃罐里倒水，直到水面到达罐口边缘。

2 将盖子放在瓶口但是不拧上。

3 连罐带盖一起放进冰箱冷冻室里，等罐中的水完全冻结后再拿出来。

观察结果

你会看到，水变成了固态并超出灌口边缘，将盖子顶起来了。

怪博士爷爷有话说

液态水变为冰之后会比之前占据更大的空间，所以罐子盛不下它了。如果我们将一瓶盖着瓶盖的水忘记在冰箱冷冻室里，当你再看到它时，就有可能发现，瓶子因为冰的挤压而破碎了。家中的自来水管道或者暖气管道在冬天时需要采取特殊防冻措施，就是为了防止管道因为结冰而破裂。

51. 冰的融化

冰融化后会是什么样，会漂浮在水面上，还是会溢出杯子？跟我一起寻找答案吧。

准备工作

- 一个玻璃杯
- 热水
- 冰块

跟我一起做

小心！不要烫到自己哦！

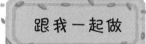

1 向杯中倒满热水，水要到达杯子边缘。

2 在水中放入几块冰块，然后问一问你的朋友们，猜猜当冰块完全融化时，水会不会溢出来。

观察结果

你会看到，水平面高度保持不变。

怪博士爷爷有话说

液态水要比固态水占据的空间小一些，因此当冰块融化在水里时，水并没有超出杯口。

有小朋友问我：浮冰是怎么回事？我来解释一下。水变成冰后体积会变大，这就使得冰块比水密度小，因此可以漂浮在水面上。在自然界中，水的这种特质显得尤为珍贵：在地球两极，海面结冰后，冰就会漂浮在海水之上，形成一道天然屏障，保护那些生活在冰层以下的生物不受侵害，直到冰面解冻。

52. 解救火柴

如果火柴被冻结在冰里，怎么能把它解救出来呢？

准备工作

- 一盒火柴
- 一袋食盐
- 一个冰盒
- 冰箱冷冻室
- 水

跟我一起做

现在，火柴还是自由自在的，不知道一会儿会发生什么现象？

1 向冰盒里装满水。

2 向其中一格内放进一根火柴，火柴会漂在水上。

3 将整个冰盒放进冰箱冷冻室，待水结冰后取出来。

除了等待冰自己融化，还有其他方法救它出来吗？

火柴被困在冰里了。

4

5 在有火柴的冰块上撒些食盐。

观察结果

30秒过后，你就可以毫不费力地取出火柴了。

怪博士爷爷有话说

盐将冰的表层融化了。其实，纯水结冰只需要 0 ℃，而盐水冻结却需要降到 -20 ℃。因此，盐常常被用来融化马路上结的冰或预防道路上冰的形成。

53. 制作简易冰箱

小朋友，你们相信用花盆也能做出冰箱吗？听起来好像不可思议，快跟随我们一起做做看。

准备工作

- 一罐饮料
- 一大杯水
- 一个泥花盆
- 一个大盘子

跟我一起做

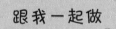

注意不要将饮料碰倒。

1 将饮料放在盘子里，用花盆盖住饮料。

2 在花盆上面浇水。

可以多浇几杯水。

3 将盘子和花盆一起放在阳光下，大约一小时过后，打开花盆，观察有什么变化？

花盆和饮料会不会被太阳晒得很热？

观察结果

你会发现，花盆变得很凉，饮料也变得凉多了。

怪博士爷爷有话说

在泥花盆上面浇水，水会蒸发汽化，带走花盆里大量的热量，花盆就会变凉，进而使得饮料冷却。即使阳光很强烈，饮料罐也会一直保持凉的状态。小朋友，是不是又学会一种省时、省电的冷却方法。

54. 模拟洪水泛滥

准备工作

- 冰块
- 水
- 一个盆子
- 一盒牙签
- 一支水彩笔
- 陶土

小朋友可以发挥想象力，做出属于自己的大陆。

跟我一起做

1 用陶土捏出大陆的形状，有高山和平原，并把它放进盆子里。

也可以找一本图画书作为参考。

2 向盆子里倒入一定量的水，使"大陆"的一半都淹没在水里。

"大陆"的大小要合适。

3 把冰块当做冰川安放在"大陆"上。

4 测量水平面：把一根牙签垂直沉入水中，在水平面处用水彩笔做上记号。

5 等冰块融化后，再测量一遍水平面的高度。

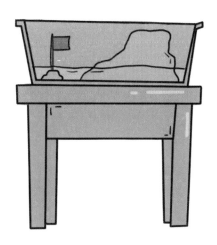

冰块消失了，水面好像也发生了变化。

观察结果

现实生活中也会出现这种现象呢！

冰块融化后的水流进盆里，抬高了水平面，陆地的海岸区域被水淹没。

怪博士爷爷有话说

冰融化后流进了盆子里，抬高了水平面，这种现象在自然界中可以看到。陆地上的冰川融化，水流进海里，海平面就会升高。像我们在实验中看到的那样，海平面升高会引起近海地区的洪水泛滥。

55. 谁先结冰

糖水和盐水哪个先结冰呢？做完下面的小实验，就能找到答案。

准备工作

- 蔗糖
- 食盐
- 一台冰箱
- 一把勺子
- 三个装有水的杯子
- 一支水彩笔
- 一张纸
- 一瓶胶水

跟我一起做

1 取三个杯子，前两个杯子中分别装入三勺蔗糖和食盐，做好标记，第三个杯子中什么也不加。

将三个杯子一起放进冰箱冷冻，每隔15分钟检查一次。

 观察结果

真是难以置信，这其中有什么原理吗？

你会发现，装有清水的杯子最先结成冰，其次是糖水，而盐水很难结冰。

 怪博士爷爷有话说

一般来说，水溶液浓度越高，其凝固点就越低。虽然水中加入的蔗糖和食盐体积是相同的，但是一勺盐的分子数目要远远大于糖的分子数目，所以盐溶液的浓度更大，因此水最先结冰，糖其次，而盐水很难结冰。

56. 纯净水结冰

一打开瓶盖，纯净水就结冰了，这是怎么回事呢？

准备工作

- 一瓶纯净水
- 一台冰箱

跟我一起做

准备一瓶 100 毫升的纯净水，放入冰箱的冷冻室，纯净水快要结冰的时候取出。

一定要控制好纯净水取出的时间哦！

观察结果

哇~~太神奇了！水被施了魔法吗？

轻轻打开盖子，瓶中的液体会突然结冰。

怪博士爷爷有话说

　　这是液体的冷却现象造成的，液体的凝固是需要一定的固体颗粒作为凝结核的，不饱和液体经过降温就会达到饱和，且析出溶质从而凝固，但是如果液体中没有凝结核或者液体没有受到扰动，就会出现过饱和现象。在这种情况下，温度继续下降，甚至低于液体的凝固点的时候，液体仍然不能凝固，这就形成了过冷却现象。通常水在零度以下不会结冰，但是这种冷却的液体在受到扰动后，就会立刻从上到下结冰。

57. 结晶盐

溶解后的物质会跟水一块蒸发吗？让我们一起来做下面的实验。

准备工作

- 一袋食盐
- 两个玻璃杯
- 一根棉线
- 一个小碟子
- 一把勺子
- 水

水不要太少，而且两个杯里的水要一样多哦！

跟我一起做

1 在两个玻璃杯中倒入一些水。

边搅拌边在两个杯子中加入食盐，直到盐不再溶解为止。

用棉线将两杯水连接起来，也就是将棉线的两端分别浸没于两杯水中，在棉线悬在两个杯子中间的位置放上小盘子。

观察结果

棉线上怎么会有盐呢？真奇怪！

一天过后，你会看到在棉线上和小盘子里形成了一些结晶盐。

怪博士爷爷有话说

由于毛细现象的作用，盐水溶液会顺着棉线爬上来。棉线上的水会不断蒸发，然后将盐留在线上，凝固成为晶体。

58. 密度测验

把几种液体放在一起，会发生什么现象呢？做一做就知道了。

准备工作

- 一个透明容器
- 蜂蜜
- 植物油
- 水

跟我一起做

将蜂蜜和油依次倒入容器，然后将水倒入。观察这三种液体放在一起，会发生什么现象？

它们会不会都混在一起呢？

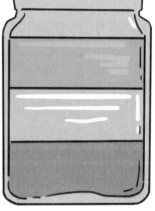

观察结果

分层的顺序隐藏着什么道理呢?

你会看到,三种液体不会相互混合,而是会分层:油浮在最上层,蜂蜜处于最下层,而水处于油和蜂蜜之间。

怪博士爷爷有话说

三种液体具有不同的密度:油的密度最小,既会漂于蜂蜜上也会漂于水上;蜂蜜沉在最底部则是因为其密度最大。

参考文献

[1] 赫尔曼 克里克勒尔. 德国孩子最着迷的科学小实验 [M]. 北京：中国铁道出版社，2015.

[2] 魅力科学编委会. 趣味科学小实验 [M]. 北京：星球地图出版社，2014.

[3] 曾杰，赵文静. 大科学小实验生活探秘 [M]. 武汉：湖北少年儿童出版社，2011.

[4] 乌尔里克 伯格. 小学生最喜欢做的实验——水实验室 [M]. 武汉：湖北少年儿童出版社，2011.

[5] 池宰和. 我来下场雨！——水实验 [M]. 北京：电子工业出版社，2015.